The book contains:

Instructions 1

Puzzles 3

Solutions 53

Copyright © 2020 by Dr. Sickoz

All rights reserved. No part of this book may be reproduced or used in any manner without written permission of the copyright owner except for the use of quotations in a book review and certain other non-commercial uses permitted by copyright law.

FIRST EDITION

How to play:

The rules of 4x4 Sudoku puzzles are the same as with traditional Sudoku grids. Only the number of cells and digits to be placed are different.

- The numbers 1, 2, 3 and 4 must occur only once in each column.

1	4	3	2
3	2	1	4
4	1	2	3
2	3	4	1

- The numbers 1, 2, 3 and 4 must occur only once in each row

1	4	3	2
3	2	1	4
4	1	2	3
2	3	4	1

- The clues allocated at the beginning of the puzzle cannot be changed or moved.
- Fill the grid using only logic. No guessing is allowed!

Now you are ready to start your sudoku adventure! Good luck!

PUZZLES

SUDOKU # - 1

Kids (4 x 4)

	1		4
4	3		
		2	3
3		4	

SUDOKU # - 2

Kids (4 x 4)

		3	1
1	3		
2		4	
	4		2

SUDOKU # - 3

Kids (4 x 4)

2		3	
	4		1
	3		2
4		1	

SUDOKU # - 4

Kids (4 x 4)

	1		3
	3		1
3		1	
1		3	

SUDOKU # - 5

Kids (4 x 4)

	2		1
		4	2
2	3		
1		2	

SUDOKU # - 6

Kids (4 x 4)

	1		4
		3	1
1	3		
2		1	

SUDOKU # - 7

Kids (4 x 4)

4	3		
		3	4
3			1
	4	2	

SUDOKU # - 8

Kids (4 x 4)

2		4	
	4	2	
4			2
	2		4

SUDOKU # - 9

Kids (4 x 4)

	2	1	
3		2	
1			2
	3		1

SUDOKU # - 10

Kids (4 x 4)

1		3	
	3	4	
	2		3
3			4

SUDOKU # - 11

Kids (4 x 4)

1		3	
	3	1	
3			1
	1		3

SUDOKU # - 12

Kids (4 x 4)

1	4		
	3	4	
3			4
		2	3

SUDOKU # - 13

Kids (4 x 4)

	4	2	
2			4
	3		2
4		1	

SUDOKU # - 14

Kids (4 x 4)

	1		4
4		1	
	4	3	
1			2

SUDOKU # - 15

Kids (4 x 4)

	2	3	
3			2
2			3
	3	2	

SUDOKU # - 16

Kids (4 x 4)

	1	4	
	4		1
4		1	
1			4

SUDOKU # - 17

Kids (4 x 4)

2		4	
1		3	
	1		3
	2		4

SUDOKU # - 18

Kids (4 x 4)

1		4	
2		3	
	2		3
	1		4

SUDOKU # - 19

Kids (4 x 4)

	1		4
	4	1	
4		3	
1			2

SUDOKU # - 20

Kids (4 x 4)

	1		2
3	2		
		2	3
2		4	

SUDOKU # - 21

Kids (4 x 4)

2		3	
1		4	
	2		4
	1		3

SUDOKU # - 22

Kids (4 x 4)

	1		3
		1	2
1		3	
4	3		

SUDOKU # - 23

Kids (4 x 4)

1		4	
	3		1
		1	2
2	1		

SUDOKU # - 24

Kids (4 x 4)

	2		1
4	1		
		2	3
2		1	

SUDOKU # - 25

Kids (4 x 4)

	4		1
3		4	
	3	2	
4			3

SUDOKU # - 26

Kids (4 x 4)

	3	2	
2			1
		2	3
3		4	

SUDOKU # - 27

Kids (4 x 4)

4	2		
		2	4
		4	2
2	4		

SUDOKU # - 28

Kids (4 x 4)

	4		1
1		2	
3		4	
	2		3

SUDOKU # - 29

Kids (4 x 4)

2	1		
3		1	
	2		3
		2	1

SUDOKU # - 30

Kids (4 x 4)

2		1	
	1		4
4	2		
		4	2

SUDOKU # - 31

Kids (4 x 4)

2		3	
3			2
	3		4
	2	1	

SUDOKU # - 32

Kids (4 x 4)

1			2
4		1	
	4	2	
	1		4

SUDOKU # - 33

Kids (4 x 4)

	2		4
		2	3
2	3		
1		3	

SUDOKU # - 34

Kids (4 x 4)

	3		4
2			1
3		4	
	2	1	

SUDOKU # - 35

Kids (4 x 4)

3		1	
	4		2
4	1		
		4	1

SUDOKU # - 36

Kids (4 x 4)

		3	4
3	4		
2		4	
	3		2

SUDOKU # - 37

Kids (4 x 4)

		1	2
2			3
	4	2	
1	2		

SUDOKU # - 38

Kids (4 x 4)

	1	4	
3	4		
		2	1
1			4

SUDOKU # - 39

Kids (4 x 4)

	1		3
	3		4
3		4	
1		3	

SUDOKU # - 40

Kids (4 x 4)

	1	4	
	4		3
1			4
4		2	

SUDOKU # - 41

Kids (4 x 4)

2	3		
		2	3
3		4	
	2		1

SUDOKU # - 42

Kids (4 x 4)

1			4
	4		1
4		1	
	1	4	

SUDOKU # - 43

Kids (4 x 4)

	1		4
3		2	
1		4	
	2		3

SUDOKU # - 44

Kids (4 x 4)

3		1	
	1		4
	2		3
4		2	

SUDOKU # - 45

Kids (4 x 4)

4			1
	1	4	
	3	1	
1			3

SUDOKU # - 46

Kids (4 x 4)

2		3	
3		4	
	2		3
	3		4

SUDOKU # - 47

Kids (4 x 4)

4		3	
3		4	
	3		4
	4		3

SUDOKU # - 48

Kids (4 x 4)

	3		4
	2		1
3		4	
2		1	

SUDOKU # - 49

Kids (4 x 4)

	3	1	
	4		3
3		4	
4			1

SUDOKU # - 50

Kids (4 x 4)

4			2
	2		3
2		3	
	1	2	

SUDOKU # - 51

Kids (4 x 4)

	4		2
1			3
4		2	
	1	3	

SUDOKU # - 52

Kids (4 x 4)

2		1	
	1	4	
4			1
	3		4

SUDOKU # - 53

Kids (4 x 4)

2	1		
4		1	
		2	3
	2		1

SUDOKU # - 54

Kids (4 x 4)

1	2		
4			2
	4	3	
		2	4

SUDOKU # - 55

Kids (4 x 4)

	3	1	
		3	2
3	2		
1			3

SUDOKU # - 56

Kids (4 x 4)

	1		3
2			1
3		1	
	2	3	

SUDOKU # - 57

Kids (4 x 4)

	3		4
1		3	
3		4	
	1		3

SUDOKU # - 58

Kids (4 x 4)

2	1		
4	3		
		1	2
		3	4

SUDOKU # - 59

Kids (4 x 4)

	2		3
	3		2
3		2	
2		3	

SUDOKU # - 60

Kids (4 x 4)

	1		3
	4		1
1		3	
4		1	

SUDOKU # - 61

Kids (4 x 4)

3		2	
2	4		
	2		1
		4	2

SUDOKU # - 62

Kids (4 x 4)

3		2	
	4		1
1	3		
		1	3

SUDOKU # - 63

Kids (4 x 4)

	4	2	
		4	1
2			4
4	1		

SUDOKU # - 64

Kids (4 x 4)

4			2
	2		3
	1	2	
2		3	

SUDOKU # - 65

Kids (4 x 4)

3			4
	1	2	
2	3		
		3	2

SUDOKU # - 66

Kids (4 x 4)

2	4		
	1		4
		4	3
4		1	

SUDOKU # - 67

Kids (4 x 4)

2			3
	3		1
1		3	
	2	1	

SUDOKU # - 68

Kids (4 x 4)

		2	1
2		3	
	4		2
1	2		

SUDOKU # - 69

Kids (4 x 4)

4	1		
	2	1	
1			2
		3	1

SUDOKU # - 70

Kids (4 x 4)

3			4
	2	1	
1	4		
		4	1

SUDOKU # - 71

Kids (4 x 4)

	3		4
1			3
3		4	
	1	3	

SUDOKU # - 72

Kids (4 x 4)

1			2
	4	1	
	1		4
4		3	

SUDOKU # - 73

Kids (4 x 4)

3		1	
1		2	
	1		2
	3		1

SUDOKU # - 74

Kids (4 x 4)

2		4	
4		2	
	2		4
	4		2

SUDOKU # - 75

Kids (4 x 4)

1		4	
4		1	
	4		1
	1		4

SUDOKU # - 76

Kids (4 x 4)

3		4	
	1		3
	4		2
2		1	

SUDOKU # - 77

Kids (4 x 4)

	4	2	
	2		1
2		3	
4			2

SUDOKU # - 78

Kids (4 x 4)

3	2		
	1	3	
2			4
		2	3

SUDOKU # - 79

Kids (4 x 4)

1		4	
3	4		
	1		4
		2	1

SUDOKU # - 80

Kids (4 x 4)

		3	2
	2		1
4	1		
2		1	

SUDOKU # - 81

Kids (4 x 4)

	2		1
	4		3
4		1	
2		3	

SUDOKU # - 82

Kids (4 x 4)

		1	3
1		4	
	1		4
3	4		

SUDOKU # - 83

		4	1
	1		2
1	4		
2		1	

SUDOKU # - 84

	4		1
	3		4
3		4	
4		1	

SUDOKU # - 85

Kids (4 x 4)

	4		3
	3		4
3		4	
4		3	

SUDOKU # - 86

Kids (4 x 4)

1		4	
	3		2
	4		1
3		2	

SUDOKU # - 87

Kids (4 x 4)

		4	1
1	4		
4		1	
	1		4

SUDOKU # - 88

Kids (4 x 4)

		1	3
3		2	
	3		1
1	4		

SUDOKU # - 89

Kids (4 x 4)

3		1	
	1		3
	3		1
1		3	

SUDOKU # - 90

Kids (4 x 4)

	1		3
	3		2
1		3	
3		2	

SUDOKU # - 91

Kids (4 x 4)

	1	3	
3			1
1			4
	4	1	

SUDOKU # - 92

Kids (4 x 4)

		2	4
		3	1
4	2		
1	3		

SUDOKU # - 93

Kids (4 x 4)

2		1	
	3		2
	1		4
4		3	

SUDOKU # - 94

Kids (4 x 4)

4			2
	3	4	
3		1	
	4		3

SUDOKU # - 95

Kids (4 x 4)

	1	2	
		1	4
2			1
1	4		

SUDOKU # - 96

Kids (4 x 4)

4		1	
	1		2
2	4		
		2	4

SUDOKU # - 97

Kids (4 x 4)

2		3	
	1		4
	3		2
1		4	

SUDOKU # - 98

Kids (4 x 4)

	3		1
	1		3
1		3	
3		1	

SUDOKU # - 99

Kids (4 x 4)

	3	1	
2			4
3			1
	2	4	

SUDOKU # - 100

Kids (4 x 4)

4		1	
	2		3
	4		1
3		2	

SOLUTIONS

SUDOKU # - 1 (Solution)

Kids (4 x 4)

2	1	3	4
4	3	1	2
1	4	2	3
3	2	4	1

SUDOKU # - 2 (Solution)

Kids (4 x 4)

4	2	3	1
1	3	2	4
2	1	4	3
3	4	1	2

SUDOKU # - 3 (Solution)

Kids (4 x 4)

2	1	3	4
3	4	2	1
1	3	4	2
4	2	1	3

SUDOKU # - 4 (Solution)

Kids (4 x 4)

4	1	2	3
2	3	4	1
3	4	1	2
1	2	3	4

SUDOKU # - 5 (Solution)

Kids (4 x 4)

4	2	3	1
3	1	4	2
2	3	1	4
1	4	2	3

SUDOKU # - 6 (Solution)

Kids (4 x 4)

3	1	2	4
4	2	3	1
1	3	4	2
2	4	1	3

SUDOKU # - 7 (Solution)

Kids (4 x 4)

4	3	1	2
2	1	3	4
3	2	4	1
1	4	2	3

SUDOKU # - 8 (Solution)

Kids (4 x 4)

2	1	4	3
3	4	2	1
4	3	1	2
1	2	3	4

SUDOKU # - 9 (Solution)

Kids (4 x 4)

4	2	1	3
3	1	2	4
1	4	3	2
2	3	4	1

SUDOKU # - 10 (Solution)

Kids (4 x 4)

1	4	3	2
2	3	4	1
4	2	1	3
3	1	2	4

SUDOKU # - 11 (Solution)

Kids (4 x 4)

1	4	3	2
2	3	1	4
3	2	4	1
4	1	2	3

SUDOKU # - 12 (Solution)

Kids (4 x 4)

1	4	3	2
2	3	4	1
3	2	1	4
4	1	2	3

SUDOKU # - 13 (Solution)

Kids (4 x 4)

3	4	2	1
2	1	3	4
1	3	4	2
4	2	1	3

SUDOKU # - 14 (Solution)

Kids (4 x 4)

3	1	2	4
4	2	1	3
2	4	3	1
1	3	4	2

SUDOKU # - 15 (Solution)

Kids (4 x 4)

1	2	3	4
3	4	1	2
2	1	4	3
4	3	2	1

SUDOKU # - 16 (Solution)

Kids (4 x 4)

3	1	4	2
2	4	3	1
4	2	1	3
1	3	2	4

SUDOKU # - 17 (Solution)

Kids (4 x 4)

2	3	4	1
1	4	3	2
4	1	2	3
3	2	1	4

SUDOKU # - 18 (Solution)

Kids (4 x 4)

1	3	4	2
2	4	3	1
4	2	1	3
3	1	2	4

SUDOKU # - 19 (Solution)

Kids (4 x 4)

3	1	2	4
2	4	1	3
4	2	3	1
1	3	4	2

SUDOKU # - 20 (Solution)

Kids (4 x 4)

4	1	3	2
3	2	1	4
1	4	2	3
2	3	4	1

SUDOKU # - 21 (Solution)

Kids (4 x 4)

2	4	3	1
1	3	4	2
3	2	1	4
4	1	2	3

SUDOKU # - 22 (Solution)

Kids (4 x 4)

2	1	4	3
3	4	1	2
1	2	3	4
4	3	2	1

SUDOKU # - 23 (Solution)

Kids (4 x 4)

1	2	4	3
4	3	2	1
3	4	1	2
2	1	3	4

SUDOKU # - 24 (Solution)

Kids (4 x 4)

3	2	4	1
4	1	3	2
1	4	2	3
2	3	1	4

SUDOKU # - 25 (Solution)

Kids (4 x 4)

2	4	3	1
3	1	4	2
1	3	2	4
4	2	1	3

SUDOKU # - 26 (Solution)

Kids (4 x 4)

1	3	2	4
2	4	3	1
4	2	1	3
3	1	4	2

SUDOKU # - 27 (Solution)

Kids (4 x 4)

4	2	1	3
1	3	2	4
3	1	4	2
2	4	3	1

SUDOKU # - 28 (Solution)

Kids (4 x 4)

2	4	3	1
1	3	2	4
3	1	4	2
4	2	1	3

SUDOKU # - 29 (Solution)

Kids (4 x 4)

2	1	3	4
3	4	1	2
1	2	4	3
4	3	2	1

SUDOKU # - 30 (Solution)

Kids (4 x 4)

2	4	1	3
3	1	2	4
4	2	3	1
1	3	4	2

SUDOKU # - 31 (Solution)

Kids (4 x 4)

2	4	3	1
3	1	4	2
1	3	2	4
4	2	1	3

SUDOKU # - 32 (Solution)

Kids (4 x 4)

1	3	4	2
4	2	1	3
3	4	2	1
2	1	3	4

SUDOKU # - 33 (Solution)

Kids (4 x 4)

3	2	1	4
4	1	2	3
2	3	4	1
1	4	3	2

SUDOKU # - 34 (Solution)

Kids (4 x 4)

1	3	2	4
2	4	3	1
3	1	4	2
4	2	1	3

SUDOKU # - 35 (Solution)

Kids (4 x 4)

3	2	1	4
1	4	3	2
4	1	2	3
2	3	4	1

SUDOKU # - 36 (Solution)

Kids (4 x 4)

1	2	3	4
3	4	2	1
2	1	4	3
4	3	1	2

SUDOKU # - 37 (Solution)

Kids (4 x 4)

4	3	1	2
2	1	4	3
3	4	2	1
1	2	3	4

SUDOKU # - 38 (Solution)

Kids (4 x 4)

2	1	4	3
3	4	1	2
4	3	2	1
1	2	3	4

SUDOKU # - 39 (Solution)

Kids (4 x 4)

4	1	2	3
2	3	1	4
3	2	4	1
1	4	3	2

SUDOKU # - 40 (Solution)

Kids (4 x 4)

3	1	4	2
2	4	1	3
1	2	3	4
4	3	2	1

SUDOKU # - 41 (Solution)

Kids (4 x 4)

2	3	1	4
1	4	2	3
3	1	4	2
4	2	3	1

SUDOKU # - 42 (Solution)

Kids (4 x 4)

1	3	2	4
2	4	3	1
4	2	1	3
3	1	4	2

SUDOKU # - 43 (Solution)

Kids (4 x 4)

2	1	3	4
3	4	2	1
1	3	4	2
4	2	1	3

SUDOKU # - 44 (Solution)

Kids (4 x 4)

3	4	1	2
2	1	3	4
1	2	4	3
4	3	2	1

SUDOKU # - 45 (Solution)

Kids (4 x 4)

4	2	3	1
3	1	4	2
2	3	1	4
1	4	2	3

SUDOKU # - 46 (Solution)

Kids (4 x 4)

2	4	3	1
3	1	4	2
4	2	1	3
1	3	2	4

SUDOKU # - 47 (Solution)

Kids (4 x 4)

4	2	3	1
3	1	4	2
2	3	1	4
1	4	2	3

SUDOKU # - 48 (Solution)

Kids (4 x 4)

1	3	2	4
4	2	3	1
3	1	4	2
2	4	1	3

SUDOKU # - 49 (Solution)

Kids (4 x 4)

2	3	1	4
1	4	2	3
3	1	4	2
4	2	3	1

SUDOKU # - 50 (Solution)

Kids (4 x 4)

4	3	1	2
1	2	4	3
2	4	3	1
3	1	2	4

SUDOKU # - 51 (Solution)

Kids (4 x 4)

3	4	1	2
1	2	4	3
4	3	2	1
2	1	3	4

SUDOKU # - 52 (Solution)

Kids (4 x 4)

2	4	1	3
3	1	4	2
4	2	3	1
1	3	2	4

SUDOKU # - 53 (Solution)

Kids (4 x 4)

2	1	3	4
4	3	1	2
1	4	2	3
3	2	4	1

SUDOKU # - 54 (Solution)

Kids (4 x 4)

1	2	4	3
4	3	1	2
2	4	3	1
3	1	2	4

SUDOKU # - 55 (Solution)

Kids (4 x 4)

2	3	1	4
4	1	3	2
3	2	4	1
1	4	2	3

SUDOKU # - 56 (Solution)

Kids (4 x 4)

4	1	2	3
2	3	4	1
3	4	1	2
1	2	3	4

SUDOKU # - 57 (Solution)

Kids (4 x 4)

2	3	1	4
1	4	3	2
3	2	4	1
4	1	2	3

SUDOKU # - 58 (Solution)

Kids (4 x 4)

2	1	4	3
4	3	2	1
3	4	1	2
1	2	3	4

SUDOKU # - 59 (Solution)

Kids (4 x 4)

1	2	4	3
4	3	1	2
3	4	2	1
2	1	3	4

SUDOKU # - 60 (Solution)

Kids (4 x 4)

2	1	4	3
3	4	2	1
1	2	3	4
4	3	1	2

SUDOKU # - 61 (Solution)

Kids (4 x 4)

3	1	2	4
2	4	1	3
4	2	3	1
1	3	4	2

SUDOKU # - 62 (Solution)

Kids (4 x 4)

3	1	2	4
2	4	3	1
1	3	4	2
4	2	1	3

SUDOKU # - 63 (Solution)

Kids (4 x 4)

1	4	2	3
3	2	4	1
2	3	1	4
4	1	3	2

SUDOKU # - 64 (Solution)

Kids (4 x 4)

4	3	1	2
1	2	4	3
3	1	2	4
2	4	3	1

SUDOKU # - 65 (Solution)

Kids (4 x 4)

3	2	1	4
4	1	2	3
2	3	4	1
1	4	3	2

SUDOKU # - 66 (Solution)

Kids (4 x 4)

2	4	3	1
3	1	2	4
1	2	4	3
4	3	1	2

SUDOKU # - 67 (Solution)

Kids (4 x 4)

2	1	4	3
4	3	2	1
1	4	3	2
3	2	1	4

SUDOKU # - 68 (Solution)

Kids (4 x 4)

4	3	2	1
2	1	3	4
3	4	1	2
1	2	4	3

SUDOKU # - 69 (Solution)

Kids (4 x 4)

4	1	2	3
3	2	1	4
1	3	4	2
2	4	3	1

SUDOKU # - 70 (Solution)

Kids (4 x 4)

3	1	2	4
4	2	1	3
1	4	3	2
2	3	4	1

SUDOKU # - 71 (Solution)

Kids (4 x 4)

2	3	1	4
1	4	2	3
3	2	4	1
4	1	3	2

SUDOKU # - 72 (Solution)

Kids (4 x 4)

1	3	4	2
2	4	1	3
3	1	2	4
4	2	3	1

SUDOKU # - 73 (Solution)

Kids (4 x 4)

3	2	1	4
1	4	2	3
4	1	3	2
2	3	4	1

SUDOKU # - 74 (Solution)

Kids (4 x 4)

2	3	4	1
4	1	2	3
3	2	1	4
1	4	3	2

SUDOKU # - 75 (Solution)

Kids (4 x 4)

1	2	4	3
4	3	1	2
2	4	3	1
3	1	2	4

SUDOKU # - 76 (Solution)

Kids (4 x 4)

3	2	4	1
4	1	2	3
1	4	3	2
2	3	1	4

SUDOKU # - 77 (Solution)

Kids (4 x 4)

1	4	2	3
3	2	4	1
2	1	3	4
4	3	1	2

SUDOKU # - 78 (Solution)

Kids (4 x 4)

3	2	4	1
4	1	3	2
2	3	1	4
1	4	2	3

SUDOKU # - 79 (Solution)

Kids (4 x 4)

1	2	4	3
3	4	1	2
2	1	3	4
4	3	2	1

SUDOKU # - 80 (Solution)

Kids (4 x 4)

1	4	3	2
3	2	4	1
4	1	2	3
2	3	1	4

SUDOKU # - 81 (Solution)

Kids (4 x 4)

3	2	4	1
1	4	2	3
4	3	1	2
2	1	3	4

SUDOKU # - 82 (Solution)

Kids (4 x 4)

4	2	1	3
1	3	4	2
2	1	3	4
3	4	2	1

SUDOKU # - 83 (Solution)

Kids (4 x 4)

3	2	4	1
4	1	3	2
1	4	2	3
2	3	1	4

SUDOKU # - 84 (Solution)

Kids (4 x 4)

2	4	3	1
1	3	2	4
3	1	4	2
4	2	1	3

SUDOKU # - 85 (Solution)

Kids (4 x 4)

2	4	1	3
1	3	2	4
3	1	4	2
4	2	3	1

SUDOKU # - 86 (Solution)

Kids (4 x 4)

1	2	4	3
4	3	1	2
2	4	3	1
3	1	2	4

SUDOKU # - 87 (Solution)

Kids (4 x 4)

3	2	4	1
1	4	2	3
4	3	1	2
2	1	3	4

SUDOKU # - 88 (Solution)

Kids (4 x 4)

4	2	1	3
3	1	2	4
2	3	4	1
1	4	3	2

SUDOKU # - 89 (Solution)

Kids (4 x 4)

3	4	1	2
2	1	4	3
4	3	2	1
1	2	3	4

SUDOKU # - 90 (Solution)

Kids (4 x 4)

2	1	4	3
4	3	1	2
1	2	3	4
3	4	2	1

SUDOKU # - 91 (Solution)

Kids (4 x 4)

4	1	3	2
3	2	4	1
1	3	2	4
2	4	1	3

SUDOKU # - 92 (Solution)

Kids (4 x 4)

3	1	2	4
2	4	3	1
4	2	1	3
1	3	4	2

SUDOKU # - 93 (Solution)

Kids (4 x 4)

2	4	1	3
1	3	4	2
3	1	2	4
4	2	3	1

SUDOKU # - 94 (Solution)

Kids (4 x 4)

4	1	3	2
2	3	4	1
3	2	1	4
1	4	2	3

SUDOKU # - 95 (Solution)

Kids (4 x 4)

4	1	2	3
3	2	1	4
2	3	4	1
1	4	3	2

SUDOKU # - 96 (Solution)

Kids (4 x 4)

4	2	1	3
3	1	4	2
2	4	3	1
1	3	2	4

SUDOKU # - 97 (Solution)

Kids (4 x 4)

2	4	3	1
3	1	2	4
4	3	1	2
1	2	4	3

SUDOKU # - 98 (Solution)

Kids (4 x 4)

2	3	4	1
4	1	2	3
1	2	3	4
3	4	1	2

SUDOKU # - 99 (Solution)

Kids (4 x 4)

4	3	1	2
2	1	3	4
3	4	2	1
1	2	4	3

SUDOKU # - 100 (Solution)

Kids (4 x 4)

4	3	1	2
1	2	4	3
2	4	3	1
3	1	2	4

www.ingramcontent.com/pod-product-compliance
Lightning Source LLC
Chambersburg PA
CBHW080557220526
45466CB00010B/3173